HARALD GRUNDNER

UNTERNEHMEN WEITER ENTWICKELN MIT *WERTENTWICKLUNG*

5 STRATEGIEN KOMPLEXE SYSTEME WERTORIENTIERT ZU ENTWICKELN

Bibliografische Information der Deutschen Nationalbibliothek:
Die Deutsche Nationalbibliothek verzeichnet diese Publikation
in der Deutschen Nationalbibliografie; detaillierte bibliografische Daten
sind im Internet über http://dnb.dnb.de abrufbar.

© 2022 Harald Grundner

Idee und Text: Harald Grundner

ISBN: 9783756216123

Herstellung und Verlag: BoD – Books on Demand, Norderstedt

Printed in Germany

Inhaltsverzeichnis

Hinweis - Begriffsbestimmung
Alle maskulinen Personen – und Funktionsbezeichnungen beziehen sich in gleicher
Weise auf alle Geschlechter.
Der Begriff Produkt umfasst, soweit nicht weiter spezifiziert, Dienstleistung,
Hardware, verfahrenstechnische Produkte, Software oder Kombinationen daraus.
Ein Produkt kann materiell (z. B. Montageergebnisse, verfahrenstechnische
Produkte) oder immateriell (z. B. Wissen oder Entwürfe) oder eine Kombination
daraus sein.
Der Begriff Kunden umfasst sowohl Kunden als auch Nutzer

     Unternehmen weiter entwickeln mit **WERTENTWICKLUNG**

Gedanken

Der Wandel von Märkten und Technologien verändert die Produktgestaltung und die resultierenden Produkte nachhaltig. Produkte werden zu komplexen Gesamtsystemen, die nicht durch bekannte und gewohnte Prozesse darstellbar sind. Start-Ups-Unternehmens-Gründungen, Unternehmens-Neuausrichtungen, Produkte der NetEconomy, Hybride/ Smarte Produkte, kurz komplexe innovative Gesamtsysteme zu entwickeln erfordert Veränderung und Weiterdenken.

WERTENTWICKLUNG wurde mit dem Ziel erarbeitet, Wert für Unternehmen durch Veränderung von Sichtweise, Wahrnehmung und Vorgehen zu generieren. Die *WERTENTWICKLUNGs*-Systematik bindet Methoden ein, um das entwickelte Gesamtsystem wertvoll für Kunden/ Nutzer, Stakeholder zu machen und damit die Wirtschaftlichkeit und Unternehmen *WERT ENTWICKELN*.

Kunde/ Nutzer geben bei vielen Gelegenheiten Daten weiter. Künstliche Intelligenz (KI)/ lernende Systeme (ML), vernetzen diese Daten zur Entwicklung von Smarten Systemen – integrierende Bündel bestehend aus physischem Produkt und Dienstleistung unter Einsatz des Internets und Beteiligung des Anwenders/ Nutzers -, um das Leben der Kunden zu erleichtern, sie von Routine zu entlasten und dabei zu unterstützen, qualitativ hochwertige Entscheidungen zu treffen (schwache KI).

WERTENTWICKLUNG sichert Denken in Wert und Funktionen bei Entwicklung, Gestaltung, Verbesserung von KI/ML-Lösungen, Smarten Systemen. *WERTENTWICKLUNG* entwickelt Unter-. nehmen weiter. Der Einsatz von *WERTENTWICKLUNG* reduziert nachhaltig die System- und Projektkosten und eröffnet zusätzliche Kosten- und Umsatzpotenziale.
Die genannten Aspekte summiert, macht *WERTENTWICKLUNG* Unternehmen und die von diesen angebotenen Systeme *WERT*voll für Kunden, Stakeholder, Investoren.

Wertinduzierung und
WERTENTWICKLUNG

Wertinduzierung ist ein Vorgehen, das verschiedene Methoden nutzt, um die einem Unternehmen eigenen Werte, mit denen wertorientierte Entscheidungen für strategische Aufgaben vorbereitet und getroffen werden, zu definieren und als Maßstab festzulegen.

Basis des Vorgehens sind die in der DIN EN 12 973-2020-05 Value Management; Deutsche Fassung beschriebenen
- *4 Schlüsselprinzipien* - Wertorientierung, Denken in Funktionen; Strukturierter holistischer Ansatz; Komplexität, Risiko und Unsicherheit bewältigen; ergänzt um die Fokussierung auf nachhaltige Lösungen
- *4 Wertetreiber* – Kollaborativer Managementstil; Motivation einer positiven menschlichen Dynamik; Berücksichtigung des internen und externen Umfeldes; Anwendung effektiver und effizienter Methoden und Werkzeuge

Als „roten Faden" setzt das Vorgehen auf den 10-stufigen Wertanalyse-Arbeitsplan mit seiner Logik und Hauptbeteiligten.

Ziel der Wertinduzierung ist es, im Unternehmen eine Kultur der kundenzentrierten Wertgenerierung zu schaffen in der Management und Mitarbeitende eindeutig die Frage – Wie schaffen wir Wert? beantworten. Dafür fokussiert Wertinduzierung hauptsächlich den strategischen Bereich, definiert, wie das Unternehmen Wert generiert, bricht dies in einzelne, klar abgegrenzte Elemente herunter und zeigt die notwendige Verknüpfung zwischen Top-down-Strategie und operativer Umsetzung. Damit wird sichtbar gemacht, wie alle Elemente ineinander verzahnt zusammenarbeiten und getroffene strategische Entscheidungen und Festlegungen, Inhalte und Abläufe des operativen Bereiches beeinflussen.

Wertinduzierung entwickelt die Wertkultur des Unternehmens und steigert dessen Wettbewerbsfähigkeit durch kundenzentrierte Prozessausrichtung. Die Kultur der kundenzentrierten Wertgenerierung, in der Mitarbeitende den gesamten Prozess der Leistungserstellung verinnerlicht haben zu etablieren ist dafür oberstes Ziel. Aufgabe der Führungsebene ist es, spezifische Anforderungen und angestrebte Wirkungen in Funktionen zu definieren und die Management-Systeme und Key Performance Indicators (KPI) zielführend zu designen.

Bestandteil der Wertinduzierung ist neben bsph. der Funktionen- und Funktionen-Kosten-Analyse der Einsatz von „State of the Art"-Techniken. Essenziell für das Wirken ist, verfügbare Datenbestände entlang der prozessualen und organisatorischen Wertgenerierung durchgängig zentral zu erfassen. Der Wertgedanken ist auch beim Generieren und Nutzen elektronisch erfass-, bearbeit- und verwertbarer Daten zu berücksichtigen.

Der Nutzen von Wertinduzierung ist weniger transparent, weniger eindeutig beschreibbar, unterliegt eher einer subjektiven Ein-schätzung und ist in vielfacher Hinsicht eine Frage der Einstellung und Haltung.

Die kundenzentrierte Wertgenerierung hybrider/ komplexer Produkte bildet eine neue Herausforderung. Diese zu meistern, bedarf es angepassten Vorgehens, welches bei der Systementwicklung gemeinsames Lernen, Bewerten, Entscheiden fordert und fördert. **WERTENTWICKLUNG** definiert und beschreibt dieses Vorgehen, den Einsatz Wertanalyse inhärenter bsph. Funktionen-Analyse und neuer Methoden bsph. AHP und unterstützt Kunden/Nutzer, Stakeholder, Domänen wertvolle komplexe Gesamtsysteme zu entwickeln.

Gelebte *Wertinduzierung* bildet den Rahmen für den effektiven Einsatz von **WERTENTWICKLUNG**, Wertgestaltung und Wertverbesserung in Unternehmen.
Das vorliegende Booklet zeigt
- 5 Strategien komplexe Systeme wertorientiert zu entwickeln,
- deren Effekte und
- wie sich **WERTENTWICKLUNG** nahtlos in die durch Wertinduzierung geformte (Unternehmens-)Kultur der kundenzentrierten Wertgestaltung eingliedert.

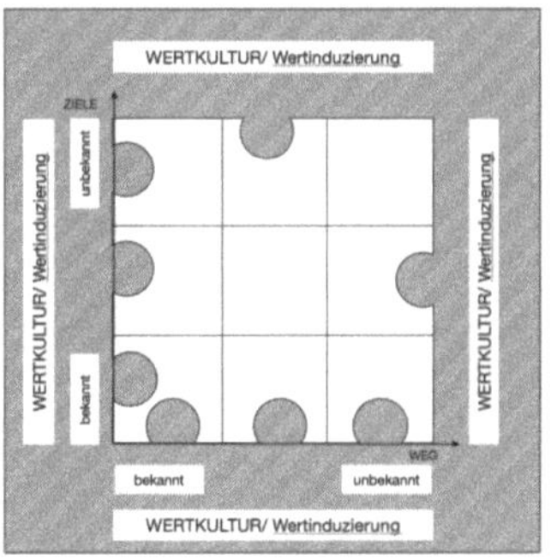

Was bedeutet **WERT**?
Was bedeutet ***WERT***voll?

$$\textbf{Wert}\ \alpha\ \frac{\text{Befriedigung von Bedürfnissen}}{\text{Einsatz von Ressourcen}}$$

Wert

ist die Beziehung zwischen
- dem Beitrag einer Funktion zur Bedürfnisbefriedigung und
- den Ressourcen, die für diese Befriedigung zum Einsatz kommen,

welche den größten Effekt für Markt, Kunden und Unternehmen erzeugt

***WERT*voll**

bedeutet, der
WERT (=Verhältnis) entspricht vollständig den Erwartungen von Kunden/ Nutzern, Stakeholdern, ... Investoren.

Strategie 1
Produkteprogramm interessant halten; Kosten senken

- Einfache Produkte und Leistungen mit Wertverbesserung optimieren
- Komplizierte Produkte mit Wertgestaltung erarbeiten

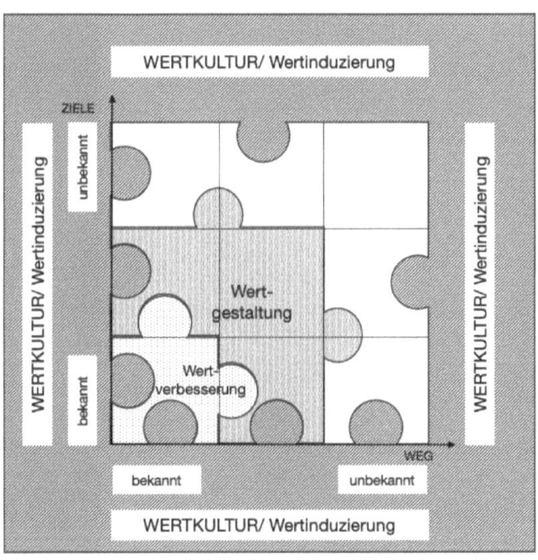

Produkte und Produktprogramm interessant halten

Einfache und komplizierte Aufgabenstellungen werden seit Jahren erfolgreich mit der Methode Wertanalyse bearbeitet. Typisch für die Wertanalyse ist der wert- und funktionenorientierter Denkansatz, ein standardisiertes Vorgehen gepaart mit interdisziplinärer Team-arbeit, dem Zusammenwirken von unternehmensinternem Know-How und zeitweise integrierter Fach-Expertise und Kreativität.
Der Wandel von Märkten und Technologien verändert die Produkt-gestaltung und die resultierenden Produkte nachhaltig. Produkte werden zu komplexen Gesamtsystemen. Aufgabenstellungen, die der Entwicklung komplexer Systeme zu Grunde liegen sind gekennzeichnet durch die Unklarheit über das Ziel und den einzuschlagenden Weg. Wertanalyse dafür zu ertüchtigen, erfordert Weiterdenken, Veränderung von Sichtweise, Wahrnehmung und Vorgehen.

Wertanalyse – Definition von Wert und Wertanalyse

- Was bedeutet **WERT**? *Wert ist das Verhältnis von Befriedigung von Bedürfnissen zu den eingesetzten Ressourcen.*

- Wer bestimmt den **WERT**? *Der Kunde/ Nutzer, die Stakeholder, Domänen bestimmen den Wert eines Produkts.*

- Wie wird **WERT** gestaltet? Seit den 1950er Jahren gibt es die **Methode Wertanalyse** zur wertorientierten Gestaltung und Optimierung materieller und immaterieller Produkte. Die Methode wurde von Lawrence D. Miles in den USA entwickelt und 1965 anlässlich des 1. SAVE Congresses, New York vorgestellt.
- Die **Definition** für Wertanalyse lautet:
  Wertanalyse ist eine organisierte Anstrengung, die Wirkungen eines Produkts mit den niedrigsten Kosten zu erstellen, ohne die erforderliche Qualität, Zuverlässigkeit und Marktfähigkeit des Produktes negativ zu beeinflussen.

Gemeinsam mit der Definition beschrieb Lawrence D. Miles 13 Grundsätze, die bis heute für den Anwendungsbereich der **Methode Wertanalyse** Gültigkeit besitzen:

1. Würde ich mein Geld auf gleiche Weise ausgeben
2. Vermeide Verallgemeinerungen
3. Ermittele alle verfügbaren Kosten
4. Verwende Infos nur aus besten Quellen
5. Zerlegen, entwickeln, verfeinern
6. Entwickele Kreativität
7. Erkenne und überwinde Hindernisse
8. Ziehe Spezialisten hinzu
9. Ermittle Kosten für besondere Anforderungen
10. Verwende verfügbare funktionale Objekte
11. Nutze Lieferantenerfahrungen
12. Nutze spezielle Verfahren
13. Nutze verfügbare Normen

Ende der 1960-er Jahre kam Wertanalyse nach Europa, um hier zum festen Element in der Entwicklung materieller und immaterieller Unternehmensleistungen – Produkte, Prozesse, Abläufe zu werden. Fundamentale Bestandteile der Wertanalyse sind wert- und funktionenorientiertes Denken, interdisziplinäre Teamarbeit und ein x-stufiger Arbeitsplan.

In den 1980-er Jahren wurde nach vielen erfolgreichen Projekten, Experimentieren in unterschiedlichen Bereichen und bei unterschiedlichen Anwendungen aus der Methode ein System zur Bewältigung komplizierter Aufgaben-stellungen. Kennzeichnend ist das Zusammenwirken der Systemelemente Management – Verhaltensweise – Methode mit deren gegenseitigen Beeinflussung. 2000 wurde das System Wertanalyse zur Managementmethode Value Management, die wertorientierte Manage-ment-Philosophie. DIN EN 12 973 (2018 überarbeitet) beschreibt Inhalt und Vorgehen incl. einzusetzender Methoden und gilt europaweit und definiert:

Value Management *ist ein Managementstil, der besonders geeignet ist, Menschen zu mobilisieren, Fähigkeiten zu entwickeln, sowie Synergien und Innovation zu fördern, jeweils mit dem Ziel, die Gesamtleistung einer Organisation zu maximieren. VM stellt das Wertkonzept in den Mittelpunkt.*

Charakteristisch für die Wertanalyse sind *wertorientiertes* und *funktionales Denken, interdisziplinäre Teamarbeit* und der *10-stufige Wertanalyse Arbeitsplan.*

Wertanalyse wird für die Bearbeitung von zwei Aufgabenstellungen eingesetzt:

* **Wertverbesserung** (WV); diese geht von bestehenden Vorgaben der künftigen Produkte oder Prozesse aus

und

* **Wertgestaltung** (WG), *der* größtenteils Kundenanforderungen zu Grunde liegen (Lastenheft) und bei der nur ein kleiner Teil noch zu gestalten ist.

Typische Aufgaben von Wertverbesserung sind die Bearbeitung einfacher, von Wertgestaltung die von komplizierten Problemstellungen mit konventioneller Prozesssteuerung.

* Typische Einsatzbereiche sind
  o Maschinen und Anlagenbau – Komponenten, Module, Geräte m/o Steuerung, zu optimierende Produkte
  o Hoch- und Tiefbau – Wohn-, Bürogebäude, Erweiterung bestehender Strukturen
  o Infrastrukturvorhaben – Straßen, Versorgungsleitungen z. B. Elektrik, Heißwasser
  o Prozesse, Abläufe in Unternehmen – Entwicklungsprozess, In-/Outbound Logistik, Produktion
  o Universitäten, Forschungseinrichtungen und Behörden – Studiengänge, Postwesen

Strategie 2
Systeme für die Zukunft entwickeln, Unternehmen interessant machen

- WERTENTWICKLUNG in Ihr Unternehmen integrieren
- Mit der WERTENTWICKLUNGs-Systematik „komplexe Aufgabenstellungen" bewältigen

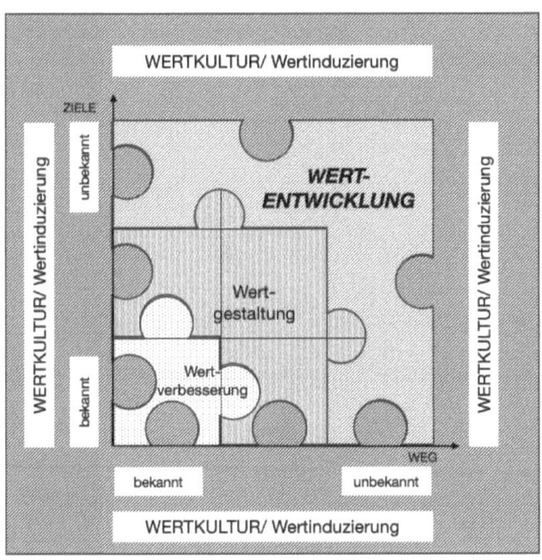

Wertanalyse und die Entwicklung komplexer Systeme

Berechtigte Zweifel entstehen bei der Betrachtung der beiden für den Einsatz der Methode Wertanalyse typischen Aufgabenstellungen in Hinblick auf deren Eignung für die Entwicklung komplexer bsph. Smarter - vernetzter, intelligenter - Systeme

Der Unterschied in den Herausforderungen wird durch die Antworten auf zwei Checkfragen deutlich

Die Antwort auf die Checkfrage 1 findet man im Cynefin-Framework von Dave Snowden. Das Modell zeigt 2 Bereiche, den *geordneten* und den *ungeordneten,* unterteilt in die 5 Problemarten – *einfach, kompliziert*, beide im geordneten Bereich und *komplex, chaotisch,* beide im ungeordneten Bereich und *unklar.*

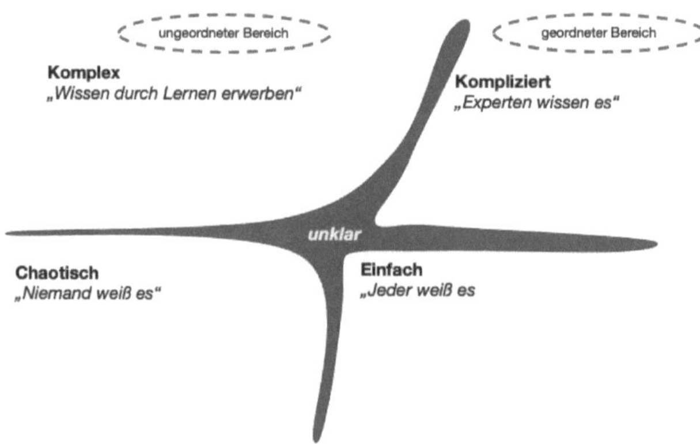

Dem **geordneten Bereich „kompliziert"** ist die *Wertgestaltung* und *„einfach"* die *Wertverbesserung* zuzuordnen.

Wertgestaltung und -verbesserung sind eindeutig definierte Aufgabenstellungen, das Endprodukt wird zu Projektbeginn beschrieben und festgelegt (Lastenheft) die Bearbeitung des Projekts erfolgt in klar definierten, aufeinanderfolgenden Schritten beides typisch für den Einsatz der **klassischen Prozesssteuerung.**

Im **ungeordneten Bereich** charakterisiert ***„komplex"*** nach Cynefin die ***„Neuen innovativen Herausforderungen".*** Deren Bearbeitung erfordert **empirische Prozesssteuerung**, da Unklarheit über den Lösungsweg und die Ausgestaltung des Endprodukts besteht und Probleme nur durch Wissensaufbau und die iterative Annäherung durch **Lernen, Überprüfen** und **Umsetzen** aufgelöst werden kann.

Was dafür benötigt wird, sind erweiterte Denk- und Vorgehensweisen im Rahmen des Wertanalyse Einsatzes. Die treffende Bezeichnung für ein derartiges Vorgehen unter Berücksichtigung der Wertanalyse-Philosophie scheint ***WERTENTWICKLUNG***.

	komplex	kompliziert	offensichtlich
Beispiele für Produktart		**Hybride Produkte** – integrierende Bündel bestehend aus einem physischen Produkt und Dienstleistung mit Beteiligung des Anwenders/ Nutzers **Produkte mit eingebetteten, unterschiedlich verknüpften Technologien; Smarte Systeme; Produkte der NetEconomy** / Komponenten, Module, Produkte mit/ ohne Steuerung	einfache Produkte
Checkfrage 1: *Welches Problem ist zu bearbeiten ?*	komplex	kompliziert	offensichtlich
Art des Systems	ungeordnetes System	geordnetes System	
Vorgehen	ist nicht planbar – erfordert ... es Handeln (Ursache Wirkung ... im Nachhinein sichtbar)	Ursache/ Wirkung erfordert Analyse — ist planbar	Ursache /Wirkung aus Erfahrung bekannt
Checkfrage 2: *Welche Prozesssteuerung ist die geeignetste ?*		klassische	
Projektorganisation	wertorientiert handelndes, dynamisch zusammengesetztes Arbeitsteam	klassisches, interdisziplinäres Arbeitsteam	
Welche Anwendungsform der Wertanalyse ist geeignet?	WERTENTWICKLUNG	Wertgestaltung	Wertverbesserung

WERTENTWICKLUNG – Komplexe, „Smarte" Systeme für die Zukunft entwickeln

Die Entwicklung innovativer komplexer Systeme, bsph. Unternehmens-Gründungen (Start-Ups), Unternehmens-Neuausrichtungen, Produkte der NetEconomy, Hybride/ Smarte Produkte – integrierende Bündel bestehend aus physischem Produkt und Dienstleistung unter Einsatz des Internets und Beteiligung des Anwenders/ Nutzers, erfordert Weiterdenken. Materielle Systemelemente bilden zukünftig die Plattform. Individuell konfigurierbare, abrufbare Dienstleistungen, die Treiber Smarter Systeme, die das System wertvoll für Kunden/ Nutzer machen und Unternehmenswert generieren, erfordern weiterdenken.

WERT ENTWICKELN – Expedition zu einem neuen System
Einsatzbereiche, Randbedingungen und Vorgehen zeigen klar, dass weder mit *Wertgestaltung* noch mit *Wertverbesserung* die Entwicklung neuer komplexer Produkte wie bsph. „Unternehmensgründungen (Start-Ups), Produkte der NetEconomy, Hybride/ Smarte Systeme, ..." zu bewältigen ist. Was benötigt wird, sind erweiterte Denk- und Vorgehensweisen im Rahmen des Wertanalyse Einsatzes.
Initialzündung des Prozesses zur Lösung eines komplexen Problems sind Ideen, Annahmen, Hypothesen, dessen Ende bsph. die Unternehmensvision mit deren Umsetzung, das Smarte Produkt bildet. Im Prozess sind möglichst rasch die „Wertvoll"-Trigger-Punkte potenzieller Kunden/Nutzer, Stakeholder und Domänen zu finden, um jene in den Prozess einzubinden. Gemeinsam, immer die erkannten Trigger-Punkte fokussierend, werden Ursache und Wirkung miteinander verknüpft, entsteht allmählich Lösungen, wird das für Kunden/ Nutzer **WERT**volle innovative System **ENTWICKELT**.

WERT ENTWICKELN ist vergleichbar mit einer Expedition in Neues
- Vorbereitung:
  Die Idee zu etwas Neuem, zur Veränderung
  Initialzündung des Prozesses zur Lösung eines komplexen Problems ist eine Idee, Annahme, Hypothese.

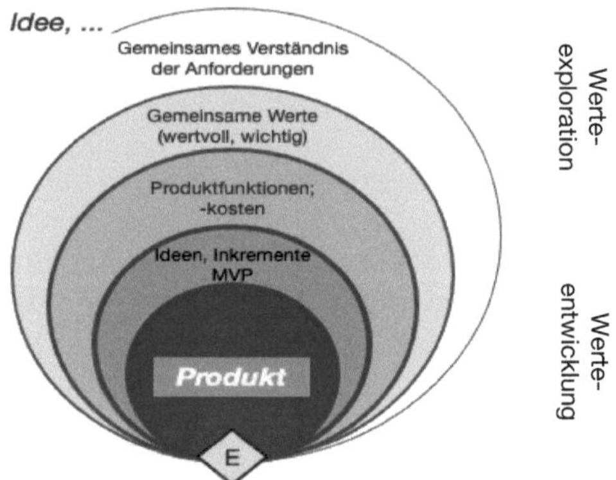

- Schleife 1: *Die Vision aufzeigen - „...lehre den Leuten die Sehnsucht nach ...“* (WOFÜR?)
  Die Vision aufzeigen, welche die **„WERTvoll“**-Trigger-Punkte potenzieller Kunden/Nutzer, Stakeholder und Domänen anspricht und davon überzeugt, die Idee umzusetzen. Diese Trigger-Punkte gilt es als gemeinsame Werte abzustimmen und zu vereinbaren. Das ist die Basis für die Bildung des (Expeditions-)Teams. Der Zyklus für permanentes Lernen, Messen/ Evaluieren, Entscheiden ist zu installieren/ initiieren.

- Schleife 2: *Die Mission formulieren* - den Hauptzweck des Vorhabens festlegen (WAS?)
  Herausarbeiten welche Wirkung-en/ Funktionen benötigt werden, die elizitierten Werte – **„WERT**-voll“-Trigger-Punkte – zu erfüllen. Es gilt die Hauptwirk-ungen transparent zu machen und deren Erreichen zu verein-baren.
  Überzeugt das Erarbeitete, trifft es den Nerv, fühlen sich Kunden/Nutzer, Stakeholder und Domänen bestätigt in das Vorhaben investiert zu haben. Zu dessen Realisierung stellen sie Ressourcen bereit und verein-baren Regeln und Randbeding-ungen.

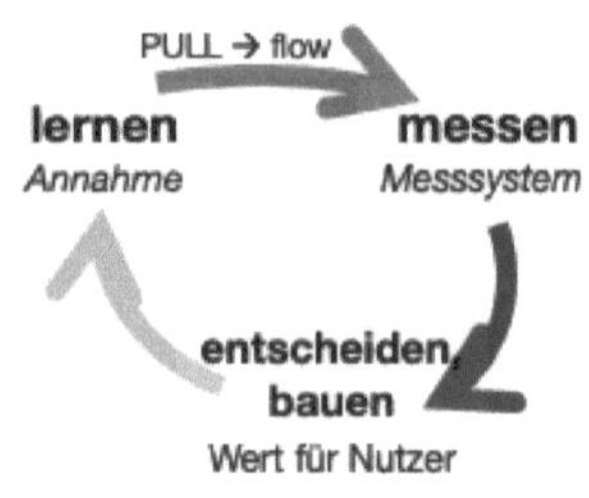

     Unternehmen weiter entwickeln mit **WERTENTWICKLUNG**

- Schleife 3: *Die Strategie entwickeln,* Vision und Mission realisieren – (WIE?)
  Gemeinsame Werte basierend auf der System-Vision sind entwickelt, voneinander lernend wurden Funktionen zur Realisierung des Hauptzwecks (der Mission) definiert, Messlatten positioniert und für Entscheidungen genutzt. Damit sind die Voraussetzungen - Mitwirkende, Kunden mit Erwartungen und Engagement, Ressourcen – geschaffen, Ideen zu erarbeiten, wie die Wirkungen des Systems dargestellt werden können.
  Ziel ist, Vereinbartes, zumindest ein Minimum Viable Product (MVP) Realität werden zu lassen. Gemeinsam werden Lösungsalternativen zur iterativen Annäherung an das Ziel entwickelt, bewertet und die zu verfolgende Lösungsalternative entschieden.
  Regelmäßige Kommunikation mit den Kunden und deren aktive Einbindung in den Prozess ist als Standard zu sehen. Ziel ist deren Mitarbeit und das Interesse daran hochzuhalten. Dies führt bisweilen zu neuen, veränderten Anforderungen, die es ressourcenschonend zu beantworten bzw. effizient zu bearbeiten gilt.

- Schleife 4: *Die Expedition läuft an*
  Der Weg zum Ziel, dem innovativen komplexen System, das die „Wertvoll"-Punkte entsprechend den Vorgaben erfüllt ist aufgezeigt, abgestimmt und vereinbart. Aber vergleichbar einer Expedition ist der Weg zur Lösung eines komplexen Problems, die Entwicklung eines komplexen Systems kein gerader. Auch hier gilt es sich immer wieder zu synchronisieren, das Erreichte zu bestätigen und Informationen und Richtung für den nächsten Schritt abzuholen. Dies wiederholt sich so lange, bis alle Beteiligte und Interessierte bestätigen: *Wir sind am Ziel!*

Ein entscheidender Aspekt einer derartigen Systematik ist, dass in einem iterativen Lernprozess gemeinsam mit Kunden und weiteren Stakeholdern diese Anforderungen und Werte aus „diffusen" Vorgaben herausgelockt (elizitiert), erforscht, erfasst und dokumentiert werden. Dieser Teil der Systematik dient der **Werteexploration**.

4 Entwicklungsschleifen (ES) - Ergebnisse und 4 Standardfragen am Entscheidungspunkt

Werteexploration der Einstieg
Iterativer Lernprozess mit Kunden,...
Anforderungen und Werte aus
„diffusen" Vorgaben herauslocken
(elizitiert), erforschen, dokumentieren.

Werteentwicklung Realisierung ver-
einbarter Werte und von den Kunden
als wertvoll entschiedener Anforder-
ungen/ Funktionen zum verwertbaren
(Gesamt-) System.

5 Standardfragen bei E-Punkt
nach jeder ES an Kunden:
- Haben wir Verwertbares erreicht?
- Was haben wir gelernt?
- Gibt es Neues zu integrieren?
- Was gilt es zu entscheiden?
- Wo können wir im Prozess
  besser werden (Schulterblick)?

Vorbereitung zur WERTENTWICKLUNG
Umgebung für „*WERTENTWICKLUNG*" durch
Management geschaffen; Produktchancen geklärt

„*Werteexploration*" ES 1
Das gemeinsame Wertesystem, die Eigenschaften und
Merkmale sind vereinbart

„*Werteexploration*" → „*Wertentwicklung*" ES 2
Das **M**inimal **V**ermarktbare **P**rodukt ist in Funktionen und
Preis/ Kosten geformt und akzeptiert

„*Werteentwicklung*" ES 3
Das MVP mit seinen Inkrementen ist dem Kunden
präsentiert, mit ihm abgestimmt und das weitere Vorgehen
in Inhalt und Ziel vereinbart

„*Wertentwicklung*" ES 4
Entscheidung Vermarktung des Produkts oder
weitere Bearbeitung mittels klassischer Prozesssteuerung

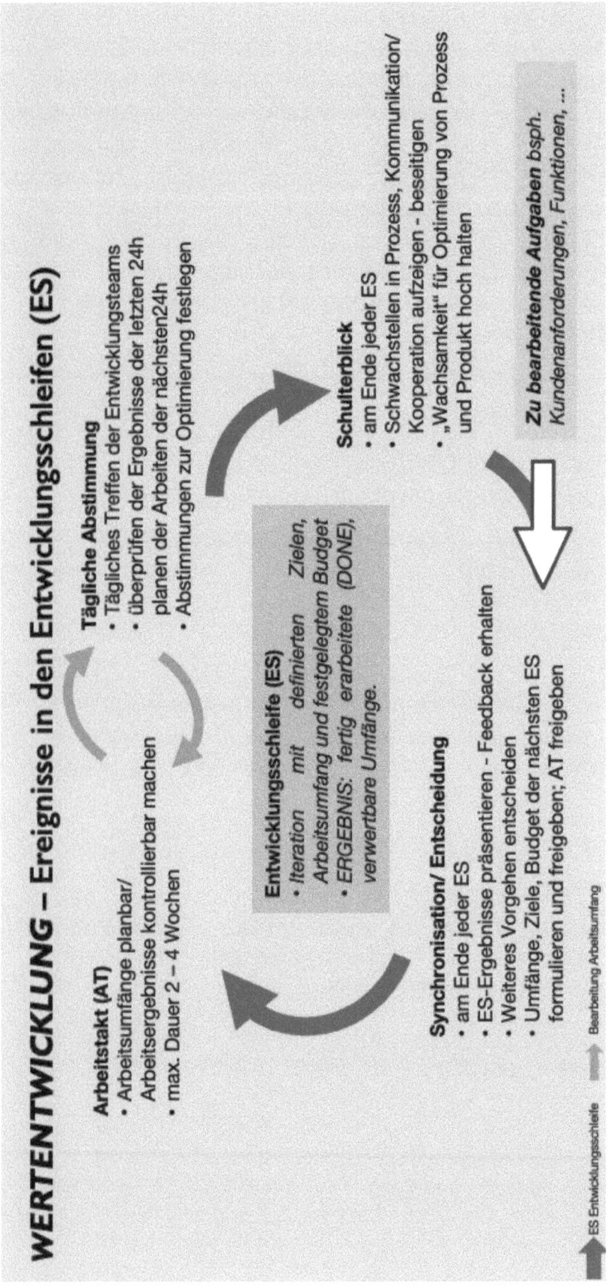

WERTENTWICKLUNG – Ereignisse in den Entwicklungsschleifen (ES)

Arbeitstakt (AT)
- Arbeitsumfänge planbar/ Arbeitsergebnisse kontrollierbar machen
- max. Dauer 2 – 4 Wochen

Tägliche Abstimmung
- Tägliches Treffen der Entwicklungsteams
- überprüfen der Ergebnisse der letzten 24h planen der Arbeiten der nächsten24h
- Abstimmungen zur Optimierung festlegen

Entwicklungsschleife (ES)
- *Iteration mit definierten Zielen, Arbeitsumfang und festgelegtem Budget*
- *ERGEBNIS: fertig erarbeitete (DONE), verwertbare Umfänge.*

Schulterblick
- am Ende jeder ES
- Schwachstellen in Prozess, Kommunikation/ Kooperation aufzeigen - beseitigen
- „Wachsamkeit" für Optimierung von Prozess und Produkt hoch halten

Synchronisation/ Entscheidung
- am Ende jeder ES
- ES-Ergebnisse präsentieren - Feedback erhalten
- Weiteres Vorgehen entscheiden
- Umfänge, Ziele, Budget der nächsten ES formulieren und freigeben; AT freigeben

Zu bearbeitende Aufgaben *bsph. Kundenanforderungen, Funktionen, ...*

ES Entwicklungsschleife   Bearbeitung Arbeitsumfang

Das aus der Werteexploration abgeleitete Handeln bedeutet, die vereinbarten Werte zu entwickeln; die passende Bezeichnung dafür ist **Werteentwicklung**. Beide Teile der Systematik sind derart zu gestalten, dass sie für Transparenz, permanenten Plan/Ziel-Abgleich und Anpassung der Merkmale als Ergebnis von Lernprozessen sorgen. Die dafür geeignetste Steuerungsform ist die empirische Prozesssteuerung.

Die beste Bezeichnung für ein derartiges Vorgehen, welches etwas entstehen lässt, die Chance gibt sich stufenweise herauszubilden und die Wertanalyse-Philosophie erfüllt, ist **WERTENTWICKLUNG**.

Die Definition:
WERTENTWICKLUNG *ist*
„Die iterative Erarbeitung bisher nicht vorhandener neuer Merkmale und Funktionen in voneinander abhängigen Entwicklungsschritten (Iterationen) bis zum verwertbaren System."

WERTENTWICKLUNG umfasst die **Werteexploration** – Elizitieren offener oder verborgener Kundenanforderungen - und die **Werteentwicklung** - Realisieren der von /für Kunden wertvoll entschiedenen Anforderungen.

Die **WERTENTWICKLUNG***s-Systematik* bildet die beiden Schwer-punkte ab und führt das Team mit einer Vorbereitung und vier Entwicklungsschleifen - Idee, Vision, Mission, Strategie, Aktion - zum wertvollen innovativen komplexen System.

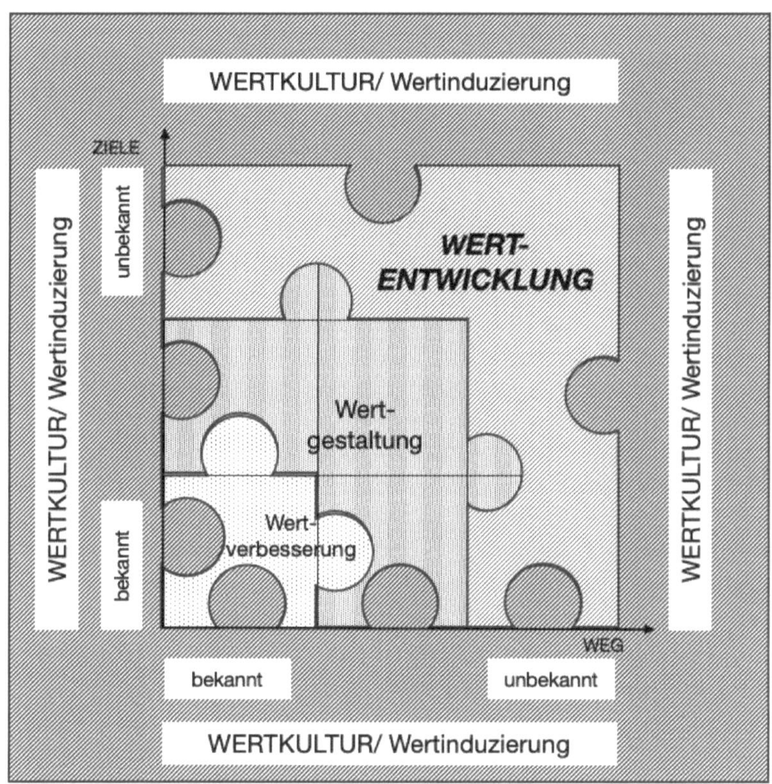

WERTENTWICKLUNG bildet neben *Wertgestaltung und Wertverbesserung die 3. Säule der Wertanalyse und befähigt Unternehmen durch das angepasste Vorgehen* **komplexe Probleme** *zu bearbeiten.*

Die Ansprüche von Kunden/ Nutzern an Systeme haben sich weiter entwickelt. Das hat zu grundlegenden Veränderungen in der Wahrnehmung und Denkhaltung geführt. Hypothetisch formuliert bildet

Das physische Produkt zukünftig die Plattform für individuell konfigurierbare, abrufbare Dienstleistungen.

*Das physische Produkt wird auf das Niveau eines **M**inimum **V**iable **P**roducts, der Voraussetzung für die Bereitstellung von Dienstleistungen geschrumpft.*

Individuell konfigurierbare, abrufbare Dienstleistungen sind die Treiber smarter/ intelligenter Systeme. Durch deren Vertrieb und den damit gewonnenen Daten generieren Unternehmen Wert. Voraussetzung, Wert zu generieren ist die Kenntnis der Kunden, indem diese indirekt oder aktiv Daten bereitstellen. Unternehmen, die diese bereitgestellten Daten stringent analysieren und für die Entwicklung neuer, von den Kunden als wertvoll bewertete Dienstleistungen oder Gesamtsysteme nutzen sind heute bereits erfolgreich. Sie werden die Märkte der Zukunft kennzeichnen.

Diese beispielhaft genannten Aspekte bedingen, um erfolgreich zu sein, die Veränderung von Prozessen, Abläufen, Denkweisen und Menschen – kurz den Einsatz von **WERTENTWICKLUNG** oder mit Albert Einstein:

"Probleme kann man niemals mit der gleichen Denkweise lösen, mit der diese entstanden sind."

Strategie 3
Neue, angepasste Methoden einsetzen

- Mitarbeitende in **WERTENTWICKLUNG** und ergänzenden Methoden trainieren und coachen

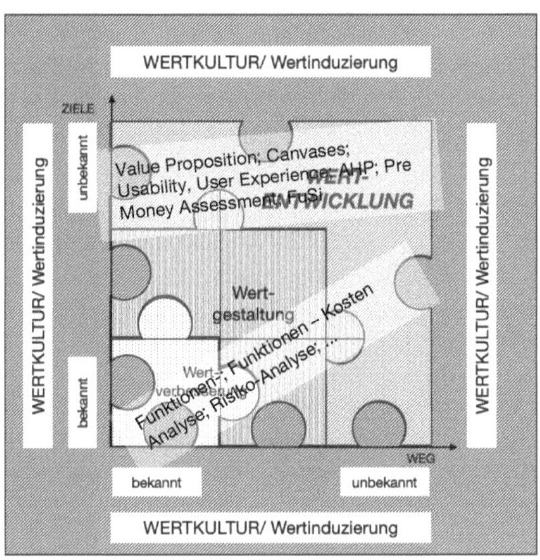

WERTENTWICKLUNG *und Methoden*

Die Entwicklung innovativer komplexer Systeme bedingt durch deren diffuse Ausgangsbasis den Einsatz neuer Methoden, die neues Denken/ Strukturieren, die Einbindung von Beteiligten und angepasste Prozesse zur Entscheidungsfindung unterstützen. Business Model Canvas und Ableitungen helfen, den Business Case aufzubauen und darauf fokussiert zu bleiben. Die Pre-Money-Bewertung liefert erste betriebswirtschaftliche Daten. Usability Engineering fokussiert den Nutzen des Systems, indem es Nutzer und deren Inter-/ Agieren mit dem System in den Mittelpunkt stellt. Der Analytical Hierarchie Process (AHP) hilft, die optimale Lösung systematisch zu entscheiden. Funktionale Sicherheit versucht Schaden durch Manipulation von Kunden/ Nutzern und Partner abzuwenden. Die **WERTENTWICKLUNG**s-Systematik bindet die Methoden ein, um das entwickelte Gesamtsystem wertvoll für Kunden/ Nutzer, Stakeholder zu machen und damit die Wirtschaftlichkeit und den Wert des Unternehmens zu steigern.

WERTENTWICKLUNG – Methoden und Techniken
WERTENTWICKLUNG ist *„Die iterative Erarbeitung bisher nicht vorhandener neuer Merkmale und Funktionen in voneinander abhängigen Entwicklungsschritten (Iterationen) bis zum verwertbaren System.“*
Die **WERTENTWICKLUNG**s-Systematik besteht aus einer Vorbereitung und 4 aufeinander aufbauenden Entwicklungsschleifen zur Entwicklung innovativer komplexer Systeme, bsph. Hybrider/ Smarter Produkte, Geschäftsziele und Unternehmensvisionen.
WERTENTWICKLUNG umfasst die *Werteexploration* – Elizitieren offener oder verborgener Kundenanforderungen - und die *Werteentwicklung* - Realisieren der für den Kunden als wertvoll entschiedenen Kundenanforderungen. In beiden Abschnitten setzt sie unterschiedliche Methoden und Techniken ein.

Canvases –
Business Model – Lean – Product – Opportunity Canvas
- Das Business Model Canvas, entwickelt von Alexander Osterwalder (2005), unterstützt Unternehmen bei der Entscheidung über die Strategie, das operative Geschäft und Produkte. In neun Feldern bsph. Kundensegmente, Wertversprechen,

Schlüsselressourcen, Kostenstruktur wird hinterfragt, ob der Einstieg in die Entwicklung eines neuen Systems sinnvoll ist und welcher Aufwand/ Nutzen das System für Kunden und Unternehmen generiert.

* Das Lean Canvas Modell von Ash Maurya führt das Business Model Canvas weiter und fragt nach unfairen Vorteilen des angedachten Produkts, Wertversprechen, Funktionen und Problemen.
* Das Product Canvas hilft Produktverantwortlichem und Team den Umfang des Prototyps festzulegen, indem es die potenziellen Kunden und die in Business Model und Lean Canvas festgelegten Ziele transparent macht.
* Die Opportunity Canvas unterstützt Vertrieb und Marketing, die passende Strategie für die Systemvermarktung zu erarbeiten, sich zu verdeutlichen, für welche Kunden Probleme gelöst werden, welche realisierten Funktionen zusätzlichen Nutzen für Kunden und damit Wert und Wettbewerbsvorteile für das Unternehmen erzeugen.

Usability und User Experience (UX)

Usability ist das „Ausmaß, in dem ein Produkt durch bestimmte Benutzer in einem bestimmten Anwendungskontext genutzt werden kann, um bestimmte Ziele effektiv, effizient und zufriedenstellend zu erreichen". DIN EN ISO 9241,11

Usability umfasst Aspekte wie Lernbarkeit, Effizienz, Einprägsamkeit, Fehlerpotenzial/ -toleranz, Zufriedenheit. Systeme müssen, um **wertvoll (valuable)** für Kunden/Nutzer, Stakeholder zu sein **Mehrwert** bieten, die Kundenzufriedenheit verbessern. Voraussetzung für eine optimale Usability ist zu erfassen, welche Anforderungen und Erwartungen Kunden/ Nutzer an das System haben, welche Ziele sie bei der Nutzung verfolgen und in welchem Nutzungskontext sie das System verwenden. Dazu ist der Kunde/ Nutzer, der entscheidet, ob etwas wertvoll ist, konsequent in alle Entwicklungsschritte einzubeziehen; seine Bedürfnisse sind in den Mittelpunkt von Entscheidungen zu stellen.

User Experience beschreibt „Wahrnehmungen und Reaktionen einer Person, die sich aus der Nutzung oder vorhersehbaren Nutzung eines Produkts, Systems oder einer Dienstleistung ergeben". DIN EN ISO 9241-210

User Experience (UX) berücksichtigt menschliche Faktoren bereits von den ersten Grundüberlegungen des Systems an, indem sie Verständnis für Nutzer, was sie brauchen, was sie schätzen, ihre Fähigkeiten und ihre Grenzen aufbauen bei gleichzeitiger Berücksichtigung von Geschäfts- und Projektzielen.

Usability Engineering, die Kombination aus Usability und User Experience, wirkt in einem iterativen Entwicklungs-Prozess, von dessen Beginn an eingesetzt, am effektivsten. Usability Engineering kombiniert mit Quality Function Deployment (QFD), verkürzt die Entwicklungszeit nach-haltig, indem es den Usability-Status-Quo ermittelt, Usability-Schwachstellen aufdeckt, beseitigt und so den geforderten Mehr-wert des angebotenen Gesamtsystems sichert.
Usability und User Experience steigern Kunden-/ Benutzerzu-friedenheit, reduzieren Aufwand für Überarbeitung, senken Kosten für Schulung, Support und verkürzen durch Kosteneinsparung den Return on Investment (ROI).

Pre-Money-Bewertung (PMB)

Die Pre-Money-Bewertung einer neuen Idee, einem Startup, bildet das Fundament des Unternehmenswerts. Es gilt, eine einfache Bewertungsmethode der Höhe des Wachstums- und des Umsatz-potenzials der neuen Idee zu finden, die sowohl Branchendaten als auch gewichtete Prozentsätze für weitere Kriterien beinhaltet
Eine derartige Methode ist, die von Bill Payne entwickelte Score-card-Bewertungsmethodik. Sie nutzt individuelle Bewertungs-kategorien, die auf gewichteten Prozentsätzen aus quantitativen und qualitativen Faktoren basieren. Die Methode macht es möglich, den Wert der Idee bis zum Vorliegen von bewertbaren Daten darzustellen. Nach Vorliegen bewertbarer Daten werden betriebs-wirtschaftliche Bewertungsstandards eingesetzt.

Analytical Hierarchy Process (AHP)

Der Analytical Hierarchy Process (AHP) ist ein von Thomas L. Saaty, 1980 entwickeltes mathematisches Problemlösungswerkzeug. Es untersucht das Problem in drei Schritten. Im ersten Schritt wird das zu lösende Problem beschrieben, im zweiten werden alternative Lösungen des Problems aufgezeigt und im dritten die Kriterien für die Bewertung der Alternativlösungen gewichtet festgelegt und damit das Ergebnis errechnet. AHP berücksichtigt, dass mehrere Kriterien von unterschiedlichem Wert existieren. die, um zur richtigen Schlussfolgerung zu gelangen, bei der Bewertung von Alternativlösungen eingesetzt werden. Der eingebaute Kontrollmechanismus stellt logisch konsistente Lösungen unter Berücksichtigung der Gewichtung der Kriterien sicher.

Funktionale Sicherheit

Smarte Produkte nutzen zur Leistungserbringung in der Regel das Internet. Dieser Umstand bedingt, dass zur Erlangung und längerfristigen Absicherung der IT-Sicherheit nicht nur das Produkt diskret, sondern das gesamte Wertschöpfungsnetzwerk bis zur Komponentenebene und der eingesetzte Software zu durchleuchten ist (Vorgehensmodell VDI/ VDE Richtlinie 2182). Dieser Aufwand versucht den im Extremfall durch kriminelle Eingriffe und Manipulationen nicht abschätzbaren Schaden an Office und Industrial IT der betrieblichen Partner und/ oder des Nutzers/ Kunden abzuwehren.

WERTENTWICKLUNG - Einsatz neuer Methoden

Betrachtet man die der **WERTENTWICKLUNG** s-Systematik eigenen Denkschritte, ergibt sich folgendes Bild.

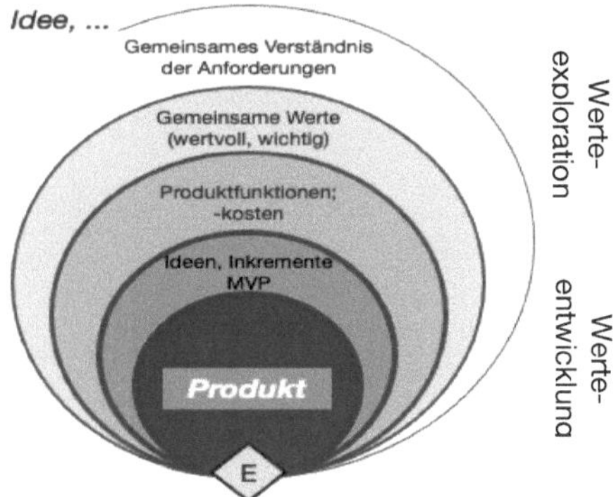

Die initiale Idee skizziert das Problem und stößt die **WERTENTWICKLUNG** - Denkschritte an. Lernen dient dazu die Fragen des Business Model Canvas (BMC) zu beantwortet und in den AHP einzusteigen. Erarbeitete erste Antworten bilden den Input in die Pre-Money-Bewertung (PMB), der Messung der Projektchance. Kundenanforderungen explorieren und elizitieren, deren Wertigkeit gemeinsam erarbeiteten ist Inhalt der nächsten Lernphase. Die Antworten bilden die Kriterien für die Lösungsbewertung der AHP, weiterer Input in das Messsystem (BMC, PMB). Lernen im nächsten Schritt bedeutet aus Kundenanforderungen die benötigten Funktionen abzuleiten und zu strukturieren. Das gibt den Einsatz für Usability Engineering, Gestaltung von Wahrnehmung und Reaktion der Kunden/ Nutzer, Stakeholder, leitet über zur Lean Canvas und zu betriebswirtschaftlichen Bewertungsstandards.

Die Bewertung – **WERT**voll für Kunde/ Nutzer – ist die Entscheidungsbasis für das weitere Vorgehen. Dieser Prozess – ***lernen, messen, entscheiden/bauen*** - wird angepasst an die Ziele der jeweiligen Entwicklungsschleife (ES) bis zur Übergabe an den Kunden bzw. Freigabe zur Industrialisierung am Ende von ES 4 wiederholt.

WERTENTWICKLUNG wird ergänzt durch ausgewählte Methoden **WERT**voller

- für die Produktentwicklung und die entwickelten Produkte
- für das Unternehmen
- und damit **WERT**voller für Kunden/ Nutzer und Stakeholder.

WERTENTWICKLUNG – Methoden und vermarktbare Ergebnisse

Anforderungen Wünsche Alternativen Lösungen-Datenbank

Idee, ...

Gemeinsames Verständnis der Anforderungen

Gemeinsame Werte (wertvoll, wichtig)

Produktfunktionen; -kosten

Ideen, Inkremente MVP

Produkt

E

Produktstrukturierung
Module, Baugruppen Standards

Funktionale Sicherheit

Produktentwicklungsstände
Skizzen, Pretotypes, Minimum
Viable Product (MVP), Produkt

Künstliche Intelligenz (KI)/
Maschinelle Lernen (ML)

Wertversprechen
Business Plan
Vermarktungsstrategie
Project Roadmap

Bewertungs – Akzeptanzkriterien
Usability *und* User Experience (UX)

FMEA –
Risikoabschätzung Produkt, Projekt

Funktionale Leistungs-Beschreibung+ (FLB+)
Checkliste für Projektfortschritt und -Reifegrad

Betriebswirtschaftliche Bewertung
Pre-Money-Bewertung (PMB); ROI;
IPR ; NPV

Strategie 4
Mitarbeitende ertüchtigen, Unternehmen weiter entwickeln

- Entwicklungsprozess, Fähigkeiten-Profile und Kompetenzen weiter entwickeln

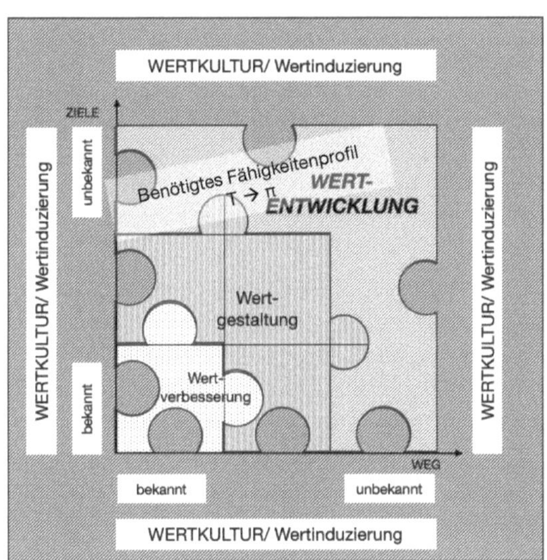

Fähigkeiten-Profile und Kompetenzen weiter entwickeln

Die Entwicklung von für Kunden/ Nutzer wertvollen innovativen komplexen Systemen erfordert **Empathie** speziell in der *Werteexploration* und im Usability Engineering. Empathie ist die Voraussetzung, benötigte Informationen bsph. aus Kunden/ Nutzern zu elizitieren, gemeinsam zu konkretisieren, bearbeiten und entscheiden. Darüber hinaus ist für agiles Arbeiten mit zeitnahen Entscheidungen erforderlich, dass Beteiligte und Betroffene in ermächtigter Selbstbestimmung agieren. Die Komplexität der zu bewältigenden Probleme, erweiterte Anforderungen an Kommunikation und Kooperation, die Chance dynamisch zu handeln und zeitnah zu entscheiden, erfordert darauf abgestimmte Kompetenzen. **WERTENTWICKLUNG** beschreibt diese Kompetenzprofile.

Empathie -Voraussetzung für die Werteexploration
Die **Werteexploration** *ist der Einstieg in einen iterativen Lernprozess.*
Der Erfolg der **Werteexploration**, Kunden/ Nutzern, Stakeholdern und Domänen Anforderungen, Erwartungen, Wünsche zu entlocken, diese zu erfassen, zu konkretisieren, zu dokumentieren und schließlich zu vereinbaren basiert im Wesentlichen auf *Empathie.*
Empathie bedeutet, sich für Kunden zu interessieren, Kunden und deren Verhalten in ihrer Umgebung zu beobachten, in die Kundenwelt eintauchen, diese zu **explorieren**. Was ist für spezifische Kunden wichtig, was brauchen sie? erlernt man durch Beobachten, was sie tun und wie sie mit ihrer Umgebung interagieren. Kunden sind anzuregen in „Geschichten" zu denken, um zu verstehen welche Emotionen das Verhalten der Kunden bestimmen und Kundenwünsche erzeugen und um Lösungen dafür zu entwickeln. Geschichten, wahr oder nicht, bilden die Grundlage für die Entwicklung, indem sie zeigen, wie Kunden über spezifische Sachverhalte denken.

WERTENTWICKLER müssen über Empathie und persönliche Gestaltungserfahrung verfügen, damit sie in der Lage sind die Bedürfnisse der Kunden richtig zu erfassen, den erlaubten Grad an

Innovation zu bestimmen und von Kunden als sinn- und wertvoll (**valuable**) bewertete Lösungen zu entwickeln.

Ermächtigte Selbstbestimmung

Ermächtigte Selbstbestimmung bedeutet, die Fähigkeiten der Mitarbeitenden positiv zu aktivieren und damit das Unternehmen fit für die Zukunft zu machen. Der Weg zur Ermächtigten Selbstbestimmung muss an der Spitze beginnen und fordert von dieser, trotz weniger Schritte, einen langen Atem.
Die Basis des Transformationsprozesses bildet das Verständnis, dass
Menschen, die informiert sind, verantwortlich handeln wollen, Menschen, die nicht informiert sind, nicht verantwortlich handeln können.

Den Transformationsprozesses positiv zu bewältigen, setzt voraus, den *Zugang zu Informationen über den Abteilungstellerrand hinweg zu öffnen.* Das hilft den Mitarbeitenden, die Situation und Vernetzung des Systems zu verstehen und verantwortungsvoll als Teilhaber des Systems zu handeln.
Teams in komplexen Projekten haben einen unklar definierten Gestaltungsbereich optimal zu bearbeiten.
Selbst-Verantwortung durch Lernen schaffen bedeutet, Teammitglieder, ... zu befähigen, den Gestaltungsbereich und seine Abgrenzungen zu erfassen, die Vision in Wertvorstellungen, Ziele und Rolle jedes Einzelnen zu übertragen und zu erreichenden Ziele iterativ zu entwickeln. Selbstverantwortung ist die Voraussetzung, um *alte Hierarchien durch* gut informierte *selbstgesteuerte Teams* zu *ersetzen.* Die Verantwortung des Managements dabei ist, optimale Rahmenbedingungen für selbstgesteuerte, Vertrauen und Zufriedenheit erzeugende Teamarbeit zu schaffen. Zu erwartende Resultate sind, verbesserte Kommunikation mit Kunden, Stakeholdern, effizientere und zeitnahe Entscheidungsprozesse mit gesteigerter Qualität und größeres Engagement der Mitarbeitenden durch eine Veränderung deren Einstellung von „ich muss ..." hin zu „ich möchte ...".

WERTENTWICKLER – Fähigkeitenprofil

Business Development	Branchenwissen
	Wettbewerbsüberblick
	Risikobewusstsein
Teamwork	Kommunikationsfähigkeit
	Kooperationsbereitschaft
	Kreativität/ Innovationsfähigkeit
Planung	Aufbau/ Ablauforganisation
	Berichtswesen/ Dokumentation
	Funktionale/ wertorientiertes Denken
Berufsfokus/ Fachrichtung	Erfahrung Entwicklung und Gestaltung Mechanik, …
	Kundenorientiertes Design
	Wissen über Nutzungskontext
Lebenslanges Lernen	Lernbereitschaft
	Nutzerorientierung
	Product Lifecircle Management
Zeit Management	Zeitmanagement
	Umsetzungserfahrung
	Schnittstellenerfahrung

Zu den wichtigsten Ausprägungen im Fähigkeitenprofil eines **WERTENTWICKLER**s zählen die *Kundenaffinität, Kommunikations-/ Kooperationsstärke, Wissbegierigkeit und Weitblick.* Als spezialisierter Generalist kommuniziert er gut auf verschiedenen Ebenen. Eine entscheidende Fähigkeit für den nötigen Austausch mit Kunden in Projekten zur Entwicklung innovativer komplexer Systeme. Sein Breitenwissen macht ihn zum Bindeglied zwischen Abteilungen, zum Vermittler unter Stakeholdern und Domänen. Wissbegierigkeit unterstützt ihn dabei, über den Tellerrand zu schauen und leidenschaftlich zu lernen. Das befähigt ihn unternehmensweite Zusammenhänge zu verstehen und ganzheitliche und nachhaltige Lösungen zu entwickeln.
Neben diesen Kernausprägungen benötigen **WERTENTWICKLER** *Flexibilität, Dynamik und Ganzheitlichkeit.*
Breitgefächertes Wissen eröffnet Unternehmen die Chance **WERTENTWICKLER** flexibel einzusetzen. Neuartige Herausforderungen sind die Wellt der **WERTENTWICKLER** in der sie die Innovationskultur unterstützen und Impulse für kreative Lösungsansätze liefern. Umsetzungskompetenz und Durchsetzungsfähigkeit runden Empathie und Leadership ab.

Perspektive für **WERTENTWICKLER**

Das T-förmiges Profil ist Minimal-Voraussetzung zur Entwicklung innovativer komplexer Systeme und für höhere Positionen in innovativen, entwicklungsorientierten Bereichen. Bedingt durch die dort herrschende Dynamik entwickeln sich geforderte Fähigkeiten-Profile zunehmend in Richtung
M *- förmige Profile*: Personen mit Wissen aus mehreren Spezialgebieten, geeignet für domänenübergreifende Hochleistungsteams,
Π *- förmige Profile*: Breite kombiniert mit zwei getrennten Bereichen mit tiefem Fachwissen - und
E-*förmige Profile* - Fachwissen in einigen Bereichen, mehrere Bereiche übergreifende Erfahrung, nachgewiesene Umsetzungskompetenz und explorative Denkhaltung.
Generell liegt der Fokus der **WERTENTWICKLER**-Anforderungen auf der Umsetzungskompetenz, d.h. Risiken einzugehen, Ideen - Innovationen Realität werden zu lassen. Damit sind sie Garanten der Unternehmens-Zukunft

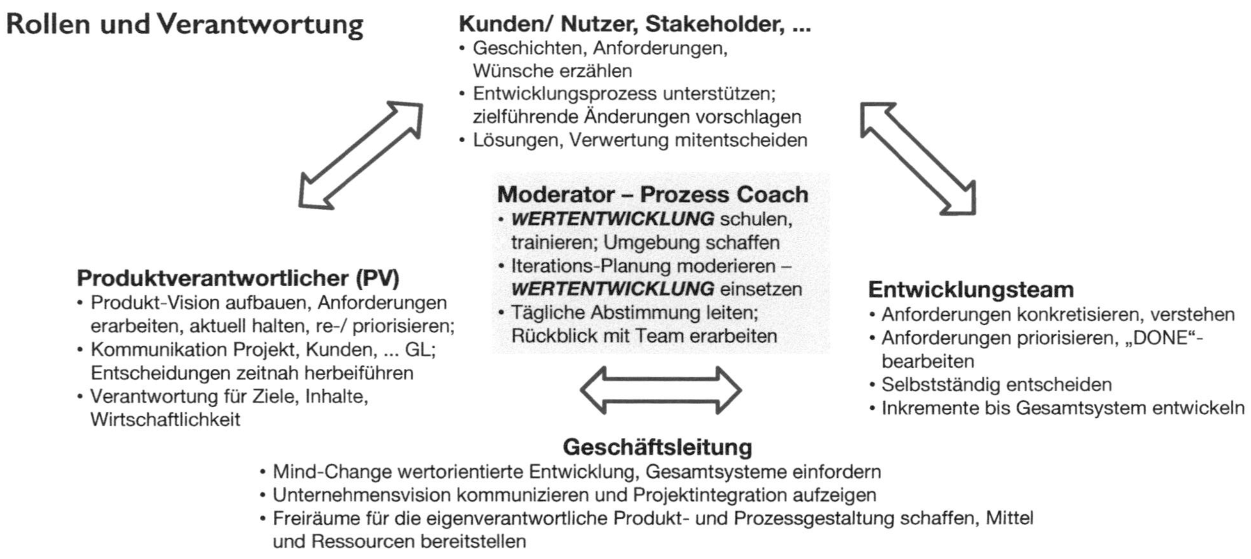

Rollen und Verantwortung

Kunden/ Nutzer, Stakeholder, ...
- Geschichten, Anforderungen, Wünsche erzählen
- Entwicklungsprozess unterstützen; zielführende Änderungen vorschlagen
- Lösungen, Verwertung mitentscheiden

Moderator – Prozess Coach
- *WERTENTWICKLUNG* schulen, trainieren; Umgebung schaffen
- Iterations-Planung moderieren – *WERTENTWICKLUNG* einsetzen
- Tägliche Abstimmung leiten; Rückblick mit Team erarbeiten

Produktverantwortlicher (PV)
- Produkt-Vision aufbauen, Anforderungen erarbeiten, aktuell halten, re-/ priorisieren;
- Kommunikation Projekt, Kunden, ... GL; Entscheidungen zeitnah herbeiführen
- Verantwortung für Ziele, Inhalte, Wirtschaftlichkeit

Entwicklungsteam
- Anforderungen konkretisieren, verstehen
- Anforderungen priorisieren, „DONE"-bearbeiten
- Selbstständig entscheiden
- Inkremente bis Gesamtsystem entwickeln

Geschäftsleitung
- Mind-Change wertorientierte Entwicklung, Gesamtsysteme einfordern
- Unternehmensvision kommunizieren und Projektintegration aufzeigen
- Freiräume für die eigenverantwortliche Produkt- und Prozessgestaltung schaffen, Mittel und Ressourcen bereitstellen

Rollen mit Aufgabe, Verantwortung, Kompetenz in der Aufbau-Organisation der *WERTENTWICKLUNG*

		Unternehmen, Auftraggeber (entspr. Aufbauorganisation)	Entrepreneur, Geldgeber (entspr. Aufbauorganisation)	Produktverantwortlicher Product Owner	Arbeitsteam	Domäne	Product Security Officer	Nutzer, Kunde	Stakeholder
Einstieg in die WERTENTWICKLUNG	lernen	r	a	c				r	c
	messen		a	a	c			r	
	bauen	a	a	r	i				
Entwicklungsschleife 1	lernen			a	r		i	c	c
	messen			a	r		i	c	c
	bauen			a	r (Ergebnis)		i	r (Inhalt)	c
Entwicklungsschleife 2	lernen			a	r	i	c	c	c
	messen			a	r	i	c	c	c
	bauen	a	a	r (Ergebnis)	c	i	r (IT- s & s)	r (Inhalt)	i
Entwicklungsschleife 3	lernen			a	c	r	c	c	i
	messen			a	c	r	r (IT- s & s)	c	c
	bauen			a	c	r (Ergebnis)	r (IT- s & s)	r (Inhalt)	c
Entwicklungsschleife 4	lernen			a	r	c	r (IT- s & s)	i	i
	messen			a	r (Ergebnis)	c	r (IT- s & s)	r (Inhalt)	c
	bauen	a	a	r (Ergebnis)	c	c	r (IT- s & s)	r (Inhalt)	i

r … responsible a … accountable c … consulted i … informed

r – responsible/ verantwortlich für die Durchführung; **a** – accountable/ rechenschaftspflichtig (genehmigt, „unterschreibt)
c – consulted (to be)/ konsultiert. führt die Arbeit aus od. relevant da einflussreich; **i** – informed (to be) / informiert erhält Informationen

Die Geschäftsleitung, der Auftraggeber
- *Aufgabe:* Veränderung im Denken hin zur wertorientierten Entwicklung komplexer Gesamtsysteme vorantreiben
- *Verantwortung:* personelle Ressourcen für den Einsatz wertorientierter Projektarbeit mit empirischer Prozesssteuerung befähigen, Mind-Change einfordern, Mittel und Ressourcen bereitstellen
- *Kompetenz:* Freiräume für die eigenverantwortliche Produkt- und Prozessgestaltung schaffen

Kunde(n) und/oder Nutzer
- *Aufgabe*: Anforderungen, Wünsche benennen, Geschichten erzählen
- *Verantwortung:* Die Konkretisierung von Wünschen, Anforderungen, Use Cases und User Stories unterstützen
- *Kompetenz*: Lösungen akzeptieren oder zurückzuweisen; Hinweise auf zielführende Änderungen geben

Produktverantwortlicher - Produkt Owner
- *Aufgabe:* Anforderungen gemeinsam mit den Kunden erarbeiten, aktuell halten, re-/ priorisieren; Kommunikation zwischen Projekt, Kunden, Stakeholdern, Domänen und Geschäftsleitung
- Verantwortung: Skills für den Einsatz wertorientierter Projektarbeit mit empirischer Prozesssteuerung haben; Produkt-Vision umsetzen; zeitnahe Entscheidungen bei Kunden und Geschäftsleitung herbeiführen
- *Kompetenz:* Fragen bezüglich Anforderungen final entscheiden; Anforderungen annehmen oder zurückstellen

Entwicklungsteam-Teammitglieder
- *Aufgabe*: Product Owner und Kunden bei Konkretisierung von Anforderungen, User Stories unterstützen; Anforderungen übernehmen und vollständig bearbeiten
- *Verantwortung*: Übernommene Aufgaben VOLLSTÄNDIG - DONE" bearbeiten und zur Annahme vorschlagen
- *Kompetenz:* Vereinbarungen mit dem Produktverantwortlichen treffen; Selbstständig Entscheidungen treffen.

Strategie 5
Mehrwert durch KI/ ML generieren, Widerstandsfähigkeit gegen externe Einflüsse steigern

- Smarte Systeme, KI/ ML-Lösungen entwickeln
- Ressourcen (-einsatz) optimieren, Kosten senken
- Wertschöpfung und Widerstandsfähigkeit gegen externe Einflüsse steigern

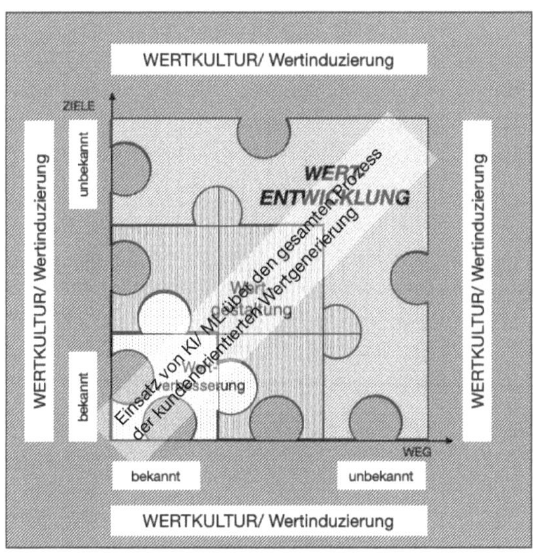

KI/ ML für Smarte Systeme, Unternehmen nutzen

Das technische und soziale Umfeld entwickelt sich dynamisch weiter. **Kunde/ Nutzer** geben bei vielen Gelegenheiten Daten weiter und akzeptiert die **Rolle als PROSUMER** – Produzent von Daten, Konsument der Leistung. Daten und Erkenntnisse aus deren Aus-und Verwertung – bsph. Predictive Analytics - sind das „Gold der Zukunft" und werden den Wert des Unternehmens wesentlich beeinflussen.
Künstliche Intelligenz (KI)/ maschinelles Lernen (ML), vernetzen die vielfältigen, lokal getrennt gespeicherten Daten, um das Leben des Kunden zu erleichtern, ihn von Routine zu entlasten und dabei zu unterstützen, qualitativ hochwertige Entscheidungen zu treffen (schwache KI). Um die Entwicklung schwacher KI mitzugestalten sind Fragen nach, wer bestimmt die Metaebene, wer sind die Kunden/ Nutzer derartiger Systeme und welche Rolle spielen sie, welche Veränderungen sind im Unternehmen erforderlich, zeitnah zu beantworten. Die Antworten bestimmen den zukünftigen Wert des Unternehmens.

WERTENTWICKLUNG und KI/ ML
Die Anforderungen von Kunden/ Nutzern an Systeme und die Technologien diese zu realisieren, haben sich stetig weiterentwickelt. Mit der Nutzung Smarter Produkte akzeptiert der Kunde/ Nutzer Künstliche Intelligenz (KI)/ Maschinelles Lernen (ML) und ist bereit für deren Wirken Daten direkt oder indirekt zur Verfügung zu stellen. Um Erfolg in der Zukunft zu haben und (Unternehmens-)Wert zu generieren gilt es, die bereitgestellten Daten stringent zu analysieren – Predictive Analytics - und für die Entwicklung neuer, von den Kunden als wertvoll erachteter KI-Lösungen oder Gesamtsysteme – Smarte Systeme - einzusetzen.
Die aus dem Einsatz von KI/ ML resultierenden Möglichkeiten – Bild-/ Texterkennung bis autonomes Fahren - führen zu grundlegenden Veränderungen im Denken und der Wahrnehmung von Kunden/ Nutzern und Unternehmen. Hypothetisch bilden materielle Produktkomponenten (Fahrzeug) zukünftig die Platform für individuell konfigurierbare, abrufbare Dienstleistungen (autonomes Fahren). Materielle Produktkomponenten werden auf das Niveau eines Minimum Viable Products – Befriedigung der minimalen Gebrauchs- und Geltungsbedürfnisse -, als Voraussetzung zur Nutzung der Dienstleistungen, geschrumpft.

     Unternehmen weiter entwickeln mit *WERTENTWICKLUNG*

Erfolg durch den Einsatz von KI/ ML erfordert die Neuausrichtung des Unternehmens mit seinen Prozessen, Abläufen und Veränderung der Denkweise von Kunden/ Nutzern, Stakeholdern, Investoren. Erfolg haben erfordert gleichzeitig die bereitgestellten Daten vor unberechtigtem Zugriff zu schützen – Cyberangriffe – und damit Schaden von Kunden/ Nutzern, Unternehmen und Partnern abzuwehren.

Was bedeutet Künstliche Intelligenz (KI)?
Was Maschinelles Lernen (ML)?

- Ethisch, politische Definition
  - „Künstliche Intelligenz ist die Fähigkeit einer Maschine, menschliche Fähigkeiten wie logisches Denken, Lernen, Planen und Kreativität zu imitieren.“– Europäisches Parlament (Webseite)
  - "KI ist ein Sammelbegriff für diejenigen Technologien und ihre Anwendungen, die durch digitale Methoden auf der Grundlage potenziell sehr großer und heterogener Datensätze in einem komplexen und die menschliche Intelligenz gleichsam nachahmenden maschinellen Verarbeitungsprozess ein Ergebnis ermitteln, das gegebenenfalls automatisiert zur Anwendung gebracht wird." – Datenethikkommission
- Definition Anbieter und Unternehmen
  - Unter künstlicher Intelligenz (KI) verstehen wir Technologien, die menschliche Fähigkeiten im Sehen, Hören, Analysieren, Entscheiden und Handeln ergänzen und stärken.“– Microsoft Corp.
  - Künstliche Intelligenz (KI) bedeutet, einem Computer beizubringen, dass er menschliches Verhalten auf irgendeine Weise nachahmt. - Cesar Ortriz, www.blogs.oracle.com
  - Maschinelles Lernen (ML) ist eine Untergruppe der KI und bezeichnet jene Techniken, die es Computern ermöglichen, Erkenntnisse aus Daten herauszufiltern und KI-Anwendungen zu liefern. - Cesar Ortriz

- KI wird unterteilt in schwache und starke KI.
  - Systeme mit schwacher KI, können menschliche kognitive Fähigkeiten ersetzen, um eine definierte Aufgabe zu lösen.
  - Systeme mit starker KI, sollen wie ein Mensch handeln, sich selbst weiterentwickeln, selbst Lernstrategien entwickeln und für sich selbst neue Aufgaben planen können. Starke KI handelt aus eigenem Antrieb, aktiv und nicht nur reaktiv.

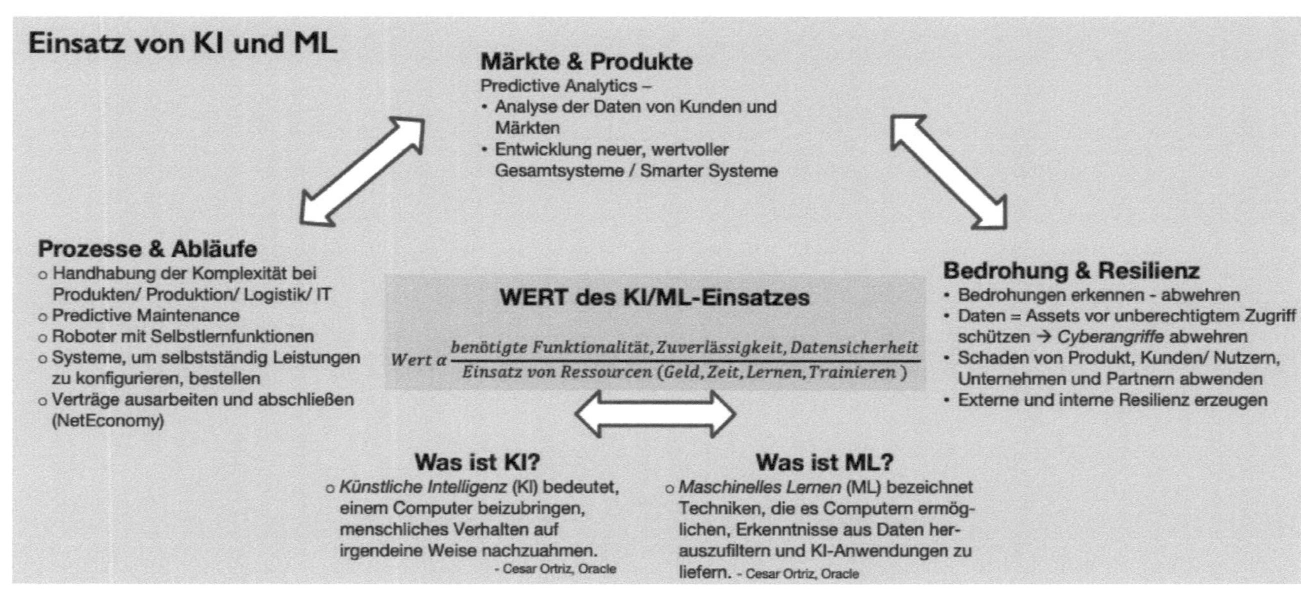

Einsatz von KI und ML

Märkte & Produkte
Predictive Analytics –
• Analyse der Daten von Kunden und Märkten
• Entwicklung neuer, wertvoller Gesamtsysteme / Smarter Systeme

Prozesse & Abläufe
o Handhabung der Komplexität bei Produkten/ Produktion/ Logistik/ IT
o Predictive Maintenance
o Roboter mit Selbstlernfunktionen
o Systeme, um selbstständig Leistungen zu konfigurieren, bestellen
o Verträge ausarbeiten und abschließen (NetEconomy)

WERT des KI/ML-Einsatzes

$$Wert\ \alpha\ \frac{ben\ddot{o}tigte\ Funktionalit\ddot{a}t, Zuverl\ddot{a}ssigkeit, Datensicherheit}{Einsatz\ von\ Ressourcen\ (Geld, Zeit, Lernen, Trainieren\,)}$$

Bedrohung & Resilienz
• Bedrohungen erkennen - abwehren
• Daten = Assets vor unberechtigtem Zugriff schützen → Cyberangriffe abwehren
• Schaden von Produkt, Kunden/ Nutzern, Unternehmen und Partnern abwenden
• Externe und interne Resilienz erzeugen

Was ist KI?
o Künstliche Intelligenz (KI) bedeutet, einem Computer beizubringen, menschliches Verhalten auf irgendeine Weise nachzuahmen.
- Cesar Ortriz, Oracle

Was ist ML?
o Maschinelles Lernen (ML) bezeichnet Techniken, die es Computern ermöglichen, Erkenntnisse aus Daten herauszufiltern und KI-Anwendungen zu liefern. - Cesar Ortriz, Oracle

KI/ ML Einsatz in Unternehmen

Ein Großteil deutscher Unternehmen, in der Hauptsache Großunternehmen, beschäftigt sich mit KI/ ML. Der Schwerpunkt liegt in der Entwicklung und Nutzung schwacher KI mit den Einsatzbereich IT – Abwehr von Cyber-Angriffen und Handhabung der immer größeren Komplexität von IT-Systemen – und im Bereich Produkt/ Produktion – Prozessautomatisierung, Logistik, Qualitätsmanagement und F&E.
Als in der Zukunft relevante Felder für KI/ ML- Anwendung werden Predictive Maintenance, Roboter mit Selbstlernfunktionen für bsph. Einsatz in der Produktion, Kranken-/Altenpflege und Systeme mit denen Kunden selbstständig Leistungen konfigurieren und abschließen können bewertet.
Klarer Fokus bei der Nutzung von KI/ ML ist die Wirtschaftlichkeit des Unternehmens zu steigern durch höhere Produktionsleistung, optimierte Prozesse, gesteigerte Qualität/ reduzierten Ausschuss und verbesserte Kundenbeziehungen. Spezifisch für den F&E Bereich erwarten deutscher Unternehmen von ML - Predictive XX - Input für neue Produkte.
Die generelle Positionierung von Unternehmen in Hinblick auf KI/ML ist, dass KI/ML-Lösungen Unternehmen dabei unterstützen Produkte, Kundenbeziehungen und die Wirtschaftlichkeit des Unternehmens zu verbessern und widerstandsfähiger gegen externe Einflussfaktoren zu machen. Diese Ziele zu erreichen sind die Unternehmen bereit in Ressourcen, Organisation, Prozesse/ Abläufe zu investieren aber:

„KI/ML-Lösungen haben das erwartete Ergebnis zu liefern und kostengünstig zu sein.“

KI/ ML in Smarten Systemen und Umgebungen
Smarte Systeme sind definiert als integrierende Bündel bestehend aus physischem Produkt und Dienstleistung unter Einsatz des Internets und Beteiligung des Anwenders/ Nutzers.

Der Markt für Smarte Geräte ist ein Zukunftsmarkt mit beachtlichen Zuwachsraten. Dabei sind die Anwendungsfelder breit gestreut und reichen von Home Automation - Unterstützung der Menschen bei der Bewältigung ihres Alltags - über Wearables – Erfassen, Abgleichen von persönlichen Vitalwerten und ggf. Aktivieren von Maßnahmen bei Abweichungen - bis zum Stadtmanagement – Vermeidung von CO2 durch Verkehrsmanagement.

Die Felder Home Automation in Kombination mit selbstbestimmtem Leben im Alter und Wearables werden durch die immer älter werdende Bevölkerung in der westlichen Welt getrieben.

Das gesteigerte Umweltbewusstsein fördert den Einsatz von Smarten Systemen für das Energie Management.

Ein weiteres Feld für den Einsatz Smarter Systeme ist das Home Entertainment. Dieses Feld ist, neben den Wearables, das im Bewusstsein der Menschen präsenteste. Die Entwicklung im Bereich Smarter Systeme im privaten Bereich geht hin zu Plattformen und Masterbots die Koordinations- und Steuerungsaufgaben übernehmen.

Entscheiden für das Marktwachstum bei Smarten Systemen und KI/ ML ist die Akzeptanz der Systeme und das Vertrauen der Kunden/ Nutzer in deren Verfügbarkeit und in deren (Daten-)Sicherheit.

Effizienz und Convenience mit **WERTENTWICKLUNG** *steigern, geht das?*

Basis für die Entwicklung von KI/ ML und deren Einsatz im Unternehmensumfeld oder in Smarten Systemen nicht nur im privaten Bereich sind Funktionalität, Zuverlässigkeit – liefert das erwartet Ergebnis + Sicherheit der weitergegebenen und verwerteten Daten.

WERTvoll für den Kunden/ Nutzer sind diese System durch das aus deren Sicht optimierte Verhältnis von Nutzen zu Aufwand.

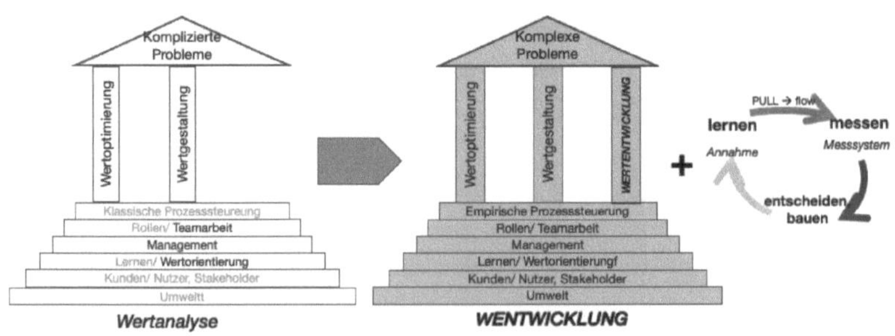

KI/ ML, Smarte Systeme zu entwickeln erfordert:
Werteexploration + Werteentwicklung =
WERTENTWICKLUNG,
die iterative Erarbeitung bisher nicht vorhandener neuer Merkmale und Funktionen in voneinander abhängigen Entwicklungsschritten (Iterationen) bis zum wertvollen, verwertbaren System.

WERTENTWICKLUNG
ENTWICKELT IHR UNTERNEHMEN, SEINE LEISTUNGEN WEITER UND MACHT ES WERTVOLL FÜR KUNDEN; STAKEHOLDER; INVESTOREN

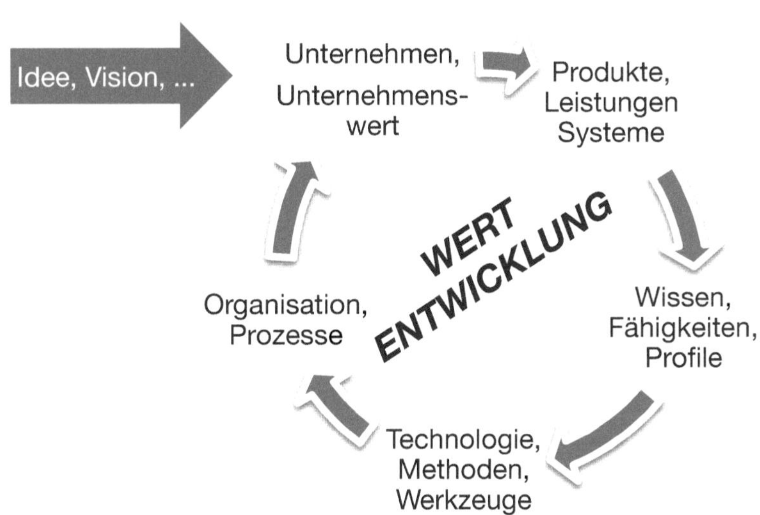

Was ist spezifisch bei der *WERTENTWICKLUNG*?

- **Projektstart** auch **bei Unklarheit möglich**

- **„Ermächtigte Kunden"** werden **frühzeitig eingebunden**

- Gemeinsames **wert- und funktionen- orientiertes Denken**

- **Iterative Annäherung** an die **gemeinsame Lösung** durch gemeinsames *Lernen – Messen – Entscheiden*

- *Neue Kundenanforderungen, Änderungen jederzeit in den Prozess integrierbar*

- Immer **sichtbare, vermarktbare Ergebnisse** bereits ab den **frühen Iterationsstufen**

- **Gesamtsystem** zu **reduzierten Produkt-, Entwicklungs-, Betreuungs-, Service-Kosten**

- **Ziel ist** die **ausgewogene Gestaltung**, die **Mehrwert für Unternehmen, Stakeholder und Nutzer gleichermaßen** bietet

PROs

+ Intensiver „Schulterschluss" Kunde/Nutzer, Stakeholder, Domänen, ...

+ Ganzheitliches Wirk- und Werteverständnis

+ Rasches Reagieren, zeitnahes Integrieren von Änderungen und zeitnahes Entscheiden

+ Wertvolle Produkte = optimal auf Kunden-/ Nutzer-Bedürfnisse abgestimmte Funktionalität zu akzeptierten Einsatz von Ressourcen für Erwerb/ Nutzung

+ Reduzierte Kosten für Entwicklung, Betreuung, Service

+ Reduzierte Time to Market mit frühzeitig verwertbaren Ergebnissen

+ Hohe Identifikation von Kunden/ Nutzer, Stakeholder, ... mit dem neuen komplexen System

CONs

– Neuausrichtung Kommunikation und Kooperation

– spezielle Skills der Beteiligten T- → E-Profil

– Zusammenarbeit bisher getrennt agierender Unternehmensbereiche

– Ressourceneinsatz und -verzehr anfänglich diffizil zu planen und zu bewerten

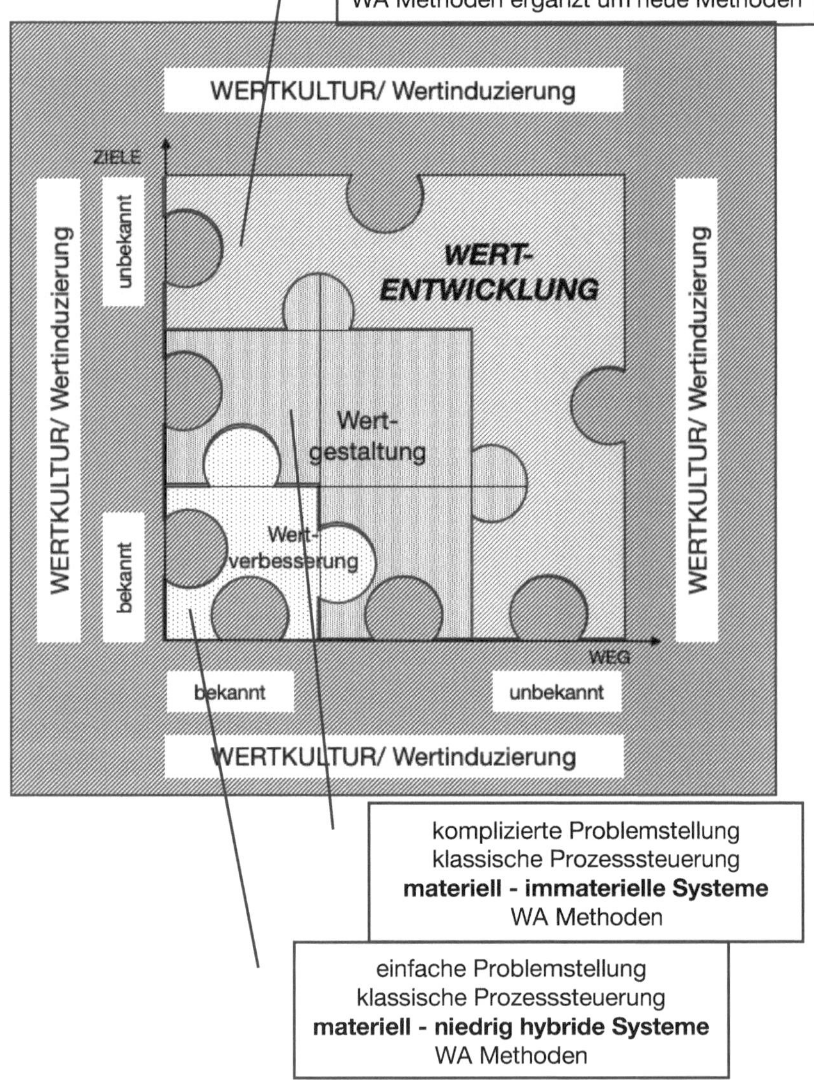

Unternehmen weiter entwickeln mit *WERTENTWICKLUNG*

Erwartbare Effekte der
WERTENTWICKLUNG

⇒ Verkürzung der **Entwicklungszeit**

- 30%

⇒ Reduzierung der **Entwicklungskosten**

- 25 – 30%

⇒ Reduzierung der **Kosten der Systeme**

- 15 – 25%

⇒ *Zusätzlich erwartbare Effekte*

- Kostenreduzierung durch Erkennen von Fehlern/ Fehlentwicklungen in frühen Entwicklungsstadien.
- Steile interne und externe Lernkurve durch gemeinsames Lernen, Motivation und „Networking"
- Geringerer Aufwand für Trainings während der System-Integration bedingt durch steile Lernkurve
- Höhere Produktivität der Kunden durch weniger Fehler, höhere Verfügbarkeit und Zuverlässigkeit
- Geringerer Servicebedarf bedingt durch ein einfach zu bedienendes, selbsterklärendes System.

Alle genannten Fakten und Argumente führen zu gesteigerten Verkaufszahlen und damit zu höherem Umsatz. Die Basis dafür sind:

überzeugte und zufriedene Kunden

Schrifttum

Technische Regeln
DIN EN 12 973:2020-05 Value Management; Deutsche
Fassung. Berlin: Beuth Verlag

VDI 2800 Blatt 1:2010-08 Wertanalyse. Berlin: Beuth Verlag

Literatur
VDI-Gesellschaft Produkt – und Prozessgestaltung:
Wertanalyse das Tool im Value Management. 6. Auflage. Berlin,
Heidelberg: Springer Verlag 2011

VDI-Gesellschaft Produkt – und Prozessgestaltung: Value
Management – Wertinduzierung und Wertanalyse; VDI-
Statusreport Mai 2022, Düsseldorf; VDI

Miles, Lawrence D.; Techniques of Value Analysis and
Engineering, New York; McGraw-Hill Book Company. 1972

Grundner, Harald: Kurt will Kaffee – Die Geschichte zur
Wertentwicklung; BoD – Books on Demand GmbH,
Norderstedt. 2021

Grundner, Harald: Innovationen entwickeln von klassisch bis
agil; BoD – Books on Demand GmbH, Norderstedt. 2018

Grundner, Harald: Agile Wertanalyse – Iterative, von den
Kunden induzierte Produktgestaltung; BoD – Books on Demand
GmbH, Norderstedt. 2017

Grundner Harald: Agile Wertanalyse – Methoden und Werkzeuge
BoD – Books on Demand GmbH, Norderstedt. 2017

Der Autor

Harald M. Grundner *1953, Steyr Österreich
Harald M. Grundner managt seit 1985 Projekte und unterstützt klein und mittelständische Unternehmen und Bereiche von Konzernen in Entwicklung und Optimierung von Produkten und Dienstleistungen.
Harald M. Grundner baut auf sein Studium an der TU Wien, nutzt seine praktische Erfahrung als selbstständiger Konstrukteur, Projektleiter in Entwicklung und Bau von Strahltriebwerken und sein Beratungswissen aus Projekten im Bereich Automotive, Medizintechnik, Maschinen–, Anlagenbau und Luftfahrt.

Harald M. Grundner vermittelt sein als Projektleiter und Berater erworbenes Wissen und seine Erfahrungen in Trainings und Seminaren und verfasst Fachbücher.
In Entwicklungsprojekten seiner Kunden trainiert er die Team-Mitglieder on the job - gemäß Einstein s. S. 23 - in neuen, Erfolg bewirkenden Methoden, Denk- und Sichtweisen. Dadurch entwickelt er die Unternehmen weiter und macht diese fit, zukünftige Herausforderungen zu meistern.

Als Richtlinienobmann oder als Ausschussmitglied des Vereins Deutscher Ingenieure hat er sein Wissen und seine Erfahrung auch in folgende Themen eingebracht: Projektmanagement VDI RiLi 6600 Bl 1 und Bl 2; Wertanalyse VDI RiLi 2800 Bl 1 und Bl 2; VDI RiLi 2801; Ingenieur-Dienstleistungen VDI RiLi 4510; ...

Seit 1988 ist *Harald M. Grundner Wertanalyse* Lehrbeauftragter des VDI, seit 2002 Trainer in Value Management nach EN 12 973 + Value4Europe; Trainer Projektmanagement.

Harald M. Grundner unterstützt seit 2006 als Cost Judge der Formula Student Germany junge Ingenieure auf deren Weg in den Beruf.

Harald M. Grundner-innoVAVE unterstützt Sie
- die Gesamtstrategie für Ihr Unternehmen oder nur ausgewählte Strategien zu entwickeln und umzusetzen
- **Ihr Unternehmen wertvoll**er für Kunden, Stakeholder, Investoren ➔ *FIT für die ZUKUNFT* zu machen.

Harald M. Grundner-innoVAVE hat zu *WERTENTWICKLUNG* publiziert

⇒ **Kurt will Kaffee – Die Geschichte** zur *WERTENTWICKLUNG* ISBN 9 7837 5434 474 3

⇒ *WERTENTWICKLUNG* Handbuch verfügbar auf www.innovave.de

⇒ *VALUE DEVELOPMENT – The third pilar of value analysis for the development of innovative complex systems*
Vortrag Valuemanagers Summit ,14.10. 2021, Graz

⇒ *WERTENTWICKLUNG - Wertorientierte Entwicklung komplexer Systeme* Video YouTube

⇒ **Unternehmen weiter entwickeln mit** *WERTENTWICKLUNG* ISBN

Bei Interesse kontaktieren Sie bitte:
Harald M. Grundner-innoVAVE
h.grundner@innovave.de
www.innovave.de
Phone: +491726262405